图 解 家 装 细 部 设 计 系 列
Diagram to domestic outfit detail design

收纳陈列 666 例
Storage & Display

主 编：董 君 / 副主编：贾 刚 王 琰 卢海华

中国林业出版社

目录 / Contents

对称\简约\朴素\大气\庄重\雅致\恢弘\壮丽\华贵\高大\对比\清雅\含蓄\端庄\对称\简约\朴素\大气\对称\简约\朴素\大气\庄重\雅致\恢弘\壮丽\华贵\高大\对比\清雅\含蓄\端庄\对称\简约\朴素\大气\端庄\对称\简约\朴素\大气\庄重\雅致\恢弘\壮丽\华贵\高大\对比\清雅\含蓄\端庄\对称\简约\朴素\大气\对称\简约\朴素\大气\庄重\雅致\恢弘\壮丽\华贵\高大\对比\清雅\含蓄\端庄\对称\简约\朴素\大气\对称\简约\朴素\大气\庄重\雅致\恢弘\壮丽\华贵\高大\对比\清雅\含蓄\端庄\对称\简约\朴素\大气\庄重\雅致\恢弘\壮丽\华贵\高大\对比\清雅\含蓄\端庄\对称\简约\朴素\大气\对称\简约\朴素\大气\庄重\雅致\恢弘\壮丽\华贵\高大\对比\清雅\含蓄\端庄\对称\简约\朴素\大气\端庄\对称\简约\朴素\大气\庄重\雅致\恢弘\壮丽\华贵\高大\对比\清雅\含蓄\端庄\对称\简约\朴素\大气\对称\简约\朴素\大气\庄重\雅致\恢弘\壮丽\华贵\高大\对比\清雅\含蓄\端庄\对称\简约\朴素\大气\对称\简约\朴素\大气\庄重\雅致\恢弘\壮丽\华贵\高大\对比\清雅\含蓄\端庄\对称\简约\朴素\大气\端庄\对称\简约\朴素\大气\庄重\雅致\恢弘\壮丽\华贵\高大\对比\清雅\含蓄\端庄\对称\简约\朴素\大气\对称\简约\朴素\大气\庄重\雅致\恢弘\壮丽\华贵\高大\对比\清雅\含蓄\端庄\对称\简约\朴素\大气\对称\简约\朴素\大气\庄重\雅致\恢弘\壮丽\华贵\高大\对比\清雅\含蓄\端庄\对称\简约\朴素\大气\端庄\对称\简约\朴素\大气\庄重\雅致\恢弘\壮丽\华贵\高大\对比\清雅\含蓄\端庄\对称\简约\朴素\大气\对称\简约\朴素\大气\庄重\雅致\恢弘\壮丽\华贵\高大\对比\清雅\含蓄\端庄\对称\简约\朴素\大气\恢弘\壮丽\华贵\高大\对比\清雅\含蓄\端庄\对称\约\朴素\大气\恢弘\壮丽\华贵\高大\对比\清雅\含蓄\端庄\对称\庄重

CHINESE
中式典雅

中国传统的室内设计融合了庄重与优雅双重气质。中式风格更多的利用了后现代手法，把传统的结构形式通过重新设计组合以另一种民族特色的标志符号出现。

随处可见的是主人的收藏。

陈列架上的收藏摆放是主人的最爱。

多层柜格组合的陈列空间。

一组红木柜满足主人收藏的需要。

整齐的收纳空间。

墙角的闲散空间被合理利用成了储藏空间。

收藏空间一角。

宽大的储物空间满足业主收藏的需要。

收纳陈列空间一角。

明式陈列柜营造出一丝文人气息。

不同材料的组合，塑造出的陈列空间。

定制的陈列架合理的利用了空间。

酒柜一角。

定制衣帽间，满足女主人的私人需要。

中式红木陈列柜满足多功能的需求。

床头的巧妙处理。

装饰性和实用性结合的收纳空间。

酒柜的一角。

隔断的处理，既满足装饰需要，又实现收纳的需求。

陈列架不规则的分割，满足不同物品的摆放。

墙体被掏成陈列储藏间，充分利用了空间。

通透的收纳柜。

整面墙被设计成收藏空间，满足主人多种收藏的需求。

隔断的处理，既实现分隔空间的作用，又满足陈列展示作用。

强大的收纳空间。

私人定制的衣帽间。

动静结合的陈列柜。

收纳空间一瞥。

通透的陈列空间。

一组书柜，满足了阅读的需求。

收纳空间一角。

隔断的巧妙处理，既可分隔空间，又实现功能需要。

不同规格的陈列架。

精致的陈列收纳空间。

定制的衣帽间。

陈列空间一角。

书房是精神的巢穴，现代的装置画、传统的鼓凳、青花瓷的将军罐、笔墨书简，都牵引着我们的思绪穿梭到另一个久远时代。

陈列架一瞥。

敞开式的陈列架。

陈列架一角。

构思精巧的收纳空间。

墙面通过处理，设计成了一个固定的收纳空间。

古典红木多宝阁显得格外贵气。

对称而整齐的收纳柜。

整面墙设计成书柜，满足陈列的需求。

收纳空间一览。

陈列架一瞥。

通透的收纳空间。

书架一角。

通透而整洁的收纳空间。

小空间的利用。

巧妙地利用空间，实现收纳功能。

功能强大的储物空间。

陈列架一角。

多功能收纳空间。

三面环绕的储物空间。

主人平日的爱好与珍藏都收纳于此，方便客人来时，展示一二。

隐蔽式的收纳空间。

通透的收纳空间。

强大的储藏空间。

首饰收纳架。

精致的陈列饰品。

女主人的独立空间。

隔断式的储藏空间。

整面的酒架。

定制的陈列柜。

金碧辉煌的储物空间。

大面积的陈列架。

整洁的储物空间。

通透的陈列空间。

收纳空间一角。

私密的收纳空间。

天井式的储物空间。

欧式酒柜满足陈列的需要。

定制式陈列柜。

背景墙的设计精巧而实用。

私密的陈列空间。

通透的陈列空间。

私密的衣帽空间。

女主人的私密空间。

储物空间一角。

陈列柜是本案的亮点。

定制的陈列空间。

奢华的酒柜。

私密的储物空间。

储物空间是本案的设计亮点。

整齐的陈列柜。

镜面的处理让空间变得通透而明亮。

私密的化妆空间。

整体定制的衣帽空间。

主题墙是本案的设计亮点。

巧妙地装饰储物墙。

私密的收纳空间。

陈列空间一角。

收纳空间的一角。

定制的家具满足高雅的生活。

天花吊顶是本案的亮点。

陈列架一角。

隔断满足分隔空间和陈列之用。

自然\舒适\温婉\内敛\悠闲\舒畅\光挺\华丽\朴实\亲切\实在\平衡\温

婉\内敛\悠闲\舒畅\光挺\华丽\自然\舒适\温婉\内敛\悠闲\舒畅\光

挺\华丽\朴实\亲切\实在\平衡\温婉\内敛\悠闲\舒畅\光挺\华丽\自

然\舒适\温婉\内敛\悠闲\舒畅\光挺\华丽\朴实\亲切\实在\平衡\温

婉\内敛\悠闲\舒畅\光挺\华丽\自然\舒适\温婉\内敛\悠闲\舒畅\光

挺\华丽\朴实\亲切\实在\平衡\温婉\内敛\悠闲\舒畅\光挺\华丽\温

婉\内敛\悠闲\舒畅\光挺\华丽\朴实\亲切\实在\平衡\温婉\内敛\悠

闲\舒畅\光挺\华丽\自然\舒适\温婉\内敛\悠闲\舒畅\光挺\华丽\朴

实\亲切\实在\平衡\温婉\内敛\悠闲\舒畅\光挺\华丽\自然\舒适\温

婉\内敛\悠闲\舒畅\光挺\华丽\朴实\亲切\实在\平衡\温婉\内敛\悠

闲\舒畅\光挺\华丽\自然\舒适\温婉\内敛\悠闲\舒畅\光挺\华丽\朴

实\亲切\实在\平衡\温婉\内敛\悠闲\舒畅\光挺\华丽\自然\舒适\温

婉\内敛\悠闲\舒畅\光挺\华丽\朴实\亲切\实在\平衡\温婉\内敛\悠

闲\舒畅\光挺\华丽\自然\舒适\温婉\内敛\悠闲\舒畅\光挺\华丽\朴

实\亲切\实在\平衡\温婉\内敛\悠闲\舒畅\光挺\华丽\自然\舒适\温

婉\内敛\悠闲\舒畅\光挺\华丽\朴实\亲切\实在\平衡\温婉\内敛\悠

闲\舒畅\光挺\华丽\温婉\内敛\悠闲\舒畅\光挺\华丽\朴实\亲切\实

在\平衡\温婉\内敛\悠闲\舒畅\光挺\华丽\自然\舒适\温婉\内敛\悠

闲\舒畅\光挺\华丽\朴实\亲切\实在\平衡\温婉\内敛\悠闲\舒畅\光

挺\华丽\自然\舒适\温婉\内敛\悠闲\舒畅\光挺\华丽\朴实\亲切\实

在\平衡\温婉\内敛\悠闲\舒畅\光挺\华丽\自然\舒适\温婉\内敛\悠

闲\舒畅\光挺\华丽\朴实\亲切\实在\平衡\温婉\内敛\悠闲\舒畅\光

挺\华丽\自然\舒适\温婉\内敛\悠闲\舒畅\光挺\华丽\朴实\亲切\实

在\平衡\温婉\内敛\悠闲\舒畅\光挺\华丽\自然\舒适\温婉\内敛\悠

闲\舒畅\光挺\华丽\朴实\亲切\实在\平衡\温婉\内敛\悠闲\舒畅\光

挺\华丽\自然\舒适\温婉\内敛\悠闲\舒畅\光挺\华丽\朴实\亲切

PASTORAL
田园混搭

　　追求清新简约的年轻人更倾向于淡雅质朴的墙面风格，淡绿、淡粉、淡黄的浅色系壁纸，无论在餐厅、书房还是卧室，一开门间，素雅的壁纸带来一股清新的味道，给人以回归自然的迷人感觉。

巧妙地陈列架。

女主人私密的收纳空间。

黑白呼应的调子。

定制的衣柜，满足生活的需求。

精致而华丽的收纳空间。

灰色的调子是空间的主色调。

黑白色调是本案的亮点。

陈列架上摆满了主人的最爱。

独立的收纳空间。

蓝色的家具提亮了空间。

朱红的背景墙是本案的亮点。

简洁而明了的空间。

通透的陈列架。

内嵌式的收纳空间。

收纳空间一瞥。

高大而的展示架。

精致的收纳展架。

内嵌式的收纳空间。

巧妙的收纳空间。

陈列空间一角。

立面墙的巧妙设计。

楼梯转角下的巧妙设计。

内嵌式的陈列架。

定制的陈列收纳架。

高大的陈列架。

精巧的墙面设计。

小空间的一角。

花格的处理让空间变得通透。

内嵌式的陈列架。

小空间的处理。

内嵌式定制收纳空间。

精致而实用的收纳空间。

简约的陈列架。

混搭的收纳空间。

功能强大的收纳空间。

定制的家具满足高品质的生活。

隐蔽式收纳空间。

简约而实用的收纳空间。

敞开式的收纳空间。

独立的收纳空间。

精心的设计，精致的生活。

简约式的收纳空间。

收纳空间的一角。

流动 \ 华丽 \ 浪漫 \ 精美 \ 豪华 \ 富丽 \ 动感 \ 轻快 \ 曲线 \ 典雅 \ 亲切 \ 流
动 \ 华丽 \ 浪漫 \ 精美 \ 豪华 \ 富丽 \ 动感 \ 轻快 \ 曲线 \ 典雅 \ 亲切 \ 清秀 \

EUROPEAN
欧式奢华

浪漫 \ 精美 \ 豪华 \ 富丽 \ 动感 \ 轻快 \ 曲线 \ 典雅 \ 亲切 \ 流动 \ 华丽 \ 浪
漫 \ 精美 \ 豪华 \ 富丽 \ 轻快 \ 曲线 \ 典雅 \ 亲切 \ 清秀 \ 柔美 \ 精湛
\ 雕刻 \ 装饰 \ 镶嵌 \ 优雅 \ 品质 \ 圆润 \ 高贵 \ 温馨 \ 流动 \ 华丽 \ 浪漫 \ 精
美 \ 豪华 \ 富丽 \ 动感 \ 轻快 \ 曲线 \ 典雅 \ 亲切 \ 流动 \ 华丽 \ 浪漫 \ 精美 \ 豪
华 \ 富丽 \ 动感 \ 轻快 \ 曲线 \ 典雅 \ 亲切 \ 清秀 \ 柔美 \ 精湛 \ 雕刻 \ 装饰 \ 镶
嵌 \ 优雅 \ 品质 \ 圆润 \ 高贵 \ 温馨 \ 流动 \ 华丽 \ 浪漫 \ 精美 \ 豪华 \ 富丽
\ 动感 \ 轻快 \ 曲线 \ 典雅 \ 亲切 \ 流动 \ 华丽 \ 浪漫 \ 精美 \ 豪华 \ 富丽 \ 动
感 \ 轻快 \ 曲线 \ 典雅 \ 亲切 \ 清秀 \ 柔美 \ 精湛 \ 雕刻 \ 装饰 \ 镶嵌 \ 优雅
\ 品质 \ 圆润 \ 高贵 \ 温馨 \ 流动 \ 华丽 \ 浪漫 \ 精美 \ 豪华 \ 富丽 \ 动感 \ 轻
快 \ 曲线 \ 典雅 \ 亲切 \ 流动 \ 华丽 \ 浪漫 \ 精美 \ 豪华 \ 富丽 \ 动感 \ 轻快
\ 曲线 \ 典雅 \ 亲切 \ 清秀 \ 柔美 \ 精湛 \ 雕刻 \ 装饰 \ 镶嵌 \ 优雅 \ 品质 \ 圆
润 \ 高贵 \ 温馨 \ 流动 \ 华丽 \ 浪漫 \ 精美 \ 豪华 \ 富丽 \ 动感 \ 轻快 \ 曲线 \ 典
雅 \ 亲切 \ 流动 \ 华丽 \ 浪漫 \ 精美 \ 豪华 \ 富丽 \ 动感 \ 轻快 \ 曲线 \ 典雅
\ 亲切 \ 清秀 \ 柔美 \ 精湛 \ 雕刻 \ 装饰 \ 镶嵌 \ 优雅 \ 品质 \ 圆润 \ 高贵 \ 温
馨 \ 流动 \ 华丽 \ 浪漫 \ 精美 \ 豪华 \ 富丽 \ 动感 \ 轻快 \ 曲线 \ 典雅 \ 亲切
\ 流动 \ 华丽 \ 浪漫 \ 精美 \ 豪华 \ 富丽 \ 动感 \ 轻快 \ 曲线 \ 典雅 \ 亲切 \ 清
秀 \ 柔美 \ 精湛 \ 雕刻 \ 装饰 \ 镶嵌 \ 优雅 \ 品质 \ 圆润 \ 高贵 \ 温馨 \ 流动
\ 华丽 \ 浪漫 \ 精美 \ 豪华 \ 富丽 \ 动感 \ 轻快 \ 曲线 \ 典雅 \ 亲切 \ 流动 \ 华
丽 \ 浪漫 \ 精美 \ 豪华 \ 富丽 \ 动感 \ 轻快 \ 曲线 \ 典雅 \ 亲切 \ 清秀 \ 柔美
\ 精湛 \ 雕刻 \ 装饰 \ 镶嵌 \ 优雅 \ 品质 \ 圆润 \ 高贵 \ 温馨 \ 华丽 \ 浪漫 \ 精
美 \ 豪华 \ 富丽 \ 动感 \ 轻快 \ 曲线 \ 典雅 \ 亲切 \ 流动 \ 华丽 \ 浪漫 \ 精美 \
豪华 \ 富丽 \ 动感 \ 轻快 \ 曲线 \ 典雅 \ 亲切 \ 清秀 \ 柔美 \ 精湛 \ 雕刻 \ 装
饰 \ 镶嵌 \ 优雅 \ 品质 \ 圆润 \ 高贵 \ 温馨 \ 流动 \ 华丽 \ 浪漫 \ 精美 \ 豪华

EUROPEAN

欧式奢华

精美古典的油画、金属光泽的壁纸、繁复婉转的脚线，繁复典雅，华丽而复古，坐在家里也能感受高贵的宫廷氛围，在水晶吊灯的映衬下，更加亮丽夺目，昭示着现代人对奢华生活的追求。

陈列空间一角。

通透的储物隔断。

隐蔽式的储物空间。

欧式收纳空间。

对称统一的装修风格。

储物空间一角。

混搭的装饰空间。

隐蔽式收纳空间。

陈列架上摆放着主人的最爱。

陈列架一瞥。

强大的收纳空间。

书房，不论从功能使用还是空间视觉上都给人全新的视觉体验。

独立的储物空间。

定制的家具满足了现代都市的生活。

内嵌式的陈列酒架。

定制的收纳架,满足业主陈列的需要。

储物架一角。

内嵌式的陈列展架。

水曲柳原木书架有着天然的亲近感，带给空间东方的思考。

私密的收藏空间。

蓝色让空间变得鲜亮起来。

整面蓝色的陈列柜，满足业主的需要。

精巧的陈列空间。

书房中柚木与火山岩洞石相互融合。

展示架让空间变得富有层次感。

隐蔽的储物空间。

阳光书房。

隔断式收藏空间。

整齐而对称的陈列书架。

精致的陈列架。

蓝色是空间的主色调。

陈列架上摆放着主人的收藏。

陈列架一角。

陈列架满足分割空间和陈列摆放的需求。

通透的陈列架让空间变得更加精致。

黑白色是本案的主色调。

陈列柜采用镜面处理，让空间鲜亮起来。

内嵌式实木展架。

实木框里摆放着主人的最爱。

陈列架一角。

一楼客厅白色护墙上安装的用亚克力做的绿色圆形灯饰，像一个装饰品风光旖旎的静置在那里。

密集的陈列架。

内嵌式的陈列架。

收纳空间一角。

黄色的椅子提亮了空间。

浅绿色的陈列架提亮了空间的调子。

内嵌式的收纳空间。

收纳空间一角。

定制的陈列柜。

内嵌式的陈列架。

田园风格的陈列空间。

对称的陈列柜。

古朴而自然的陈列柜。

内嵌式的陈列架。

欧式风格的收纳空间。

陈列收纳墙一角。

密集的收纳空间。

陈列架一角。

书房和卧房通过马头墙来区隔，意境跃然纸上。

满墙的陈列物是孩子的最爱。

蓝色提亮了空间的调子。

私密的酒柜是主人的收藏。

小空间收纳空间 。

MODERN
现代潮流

创造\实用\空间\简洁\前卫\装饰\艺术\混合\叠加\错位\裂变\解构\新
潮\低调\构造\工艺\功能\创造\实用\空间\简洁\前卫\装饰\艺术\混
合\叠加\错位\裂变\解构\新潮\低调\构造\工艺\功能\简洁\前卫\装
饰\艺术\混合\叠加\错位\裂变\解构\新潮\低调\构造\工艺\功能\创
造\实用\空间\简洁\前卫\装饰\艺术\混合\叠加\错位\裂变\解构\新
潮\低调\构造\工艺\功能\创造\实用\空间\简洁\前卫\装饰\艺术\混
合\叠加\错位\裂变\解构\新潮\低调\构造\工艺\功能\创造\实用\空
间\简洁\前卫\装饰\艺术\混合\叠加\错位\裂变\解构\新潮\低调\构
造\工艺\功能\简洁\前卫\装饰\艺术\混合\叠加\错位\裂变\解构\新
潮\低调\构造\工艺\功能\创造\实用\空间\简洁\前卫\装饰\艺术\混
合\叠加\错位\裂变\解构\新潮\低调\构造\工艺\功能\创造\实用\空
间\简洁\前卫\装饰\艺术\混合\叠加\错位\裂变\解构\新潮\低调\构
造\工艺\功能\创造\实用\空间\简洁\前卫\装饰\艺术\混合\叠加\错
位\裂变\解构\新潮\低调\构造\工艺\功能\简洁\前卫\装饰\艺术\混
合\叠加\错位\裂变\解构\新潮\低调\构造\工艺\功能\创造\实用\空
间\简洁\前卫\装饰\艺术\混合\叠加\错位\裂变\解构\新潮\低调\构
造\工艺\功能\创造\实用\空间\简洁\前卫\装饰\艺术\混合\叠加\错
位\裂变\解构\新潮\低调\构造\工艺\功能\创造\实用\空间\简洁\前
卫\装饰\艺术\混合\叠加\错位\裂变\解构\新潮\低调\构造\工艺\功
能\简洁\前卫\装饰\艺术\混合\叠加\错位\裂变\解构\新潮\低调\构
造\工艺\功能\创造\实用\空间\简洁\前卫\装饰\艺术\混合\叠加\错
位\裂变\解构\新潮\低调\构造\工艺\功能\创造\实用\空间\简洁\前
卫\装饰\艺术\混合\叠加\错位\裂变\解构\新潮\低调\构造\工艺\功
能\创造\实用\空间\简洁\前卫\装饰\艺术\混合\叠加\错位\裂变\解
构\新潮\低调\构造\工艺\功能\简洁\前卫\装饰\艺术\混合\叠加\错
位\裂变\解构\新潮\低调\构造\工艺\功能\创造\实用\空间\简洁\前卫

MODERN
现代潮流

透视的艺术效果、抽象的排列组合、黑白灰的经典颜色……明朗大胆，映衬在金属、人造石等材质的墙面装饰中不显生硬，反而让居室弥散着艺术气息，适合喜欢新奇多变生活的时尚青年。

餐柜的摆放，满足就餐的需要。

隔断的处理，满足了陈列的需求。

极简的收纳空间。

内嵌式的储物空间。

整洁的收纳衣橱。

大量的玩偶都是孩子的最爱。

陈列架上摆放着男孩的收藏。

简约的陈列架满足业主收藏的需要。

镜面的处理让小空间变得"宽大"起来。

私密的收纳空间。

女主人的独立"王国"。

内嵌式收藏陈列架。

大面的木质展柜，迎合甲方的收纳和展示的功能需求。

小空间的处理，精致而细腻。

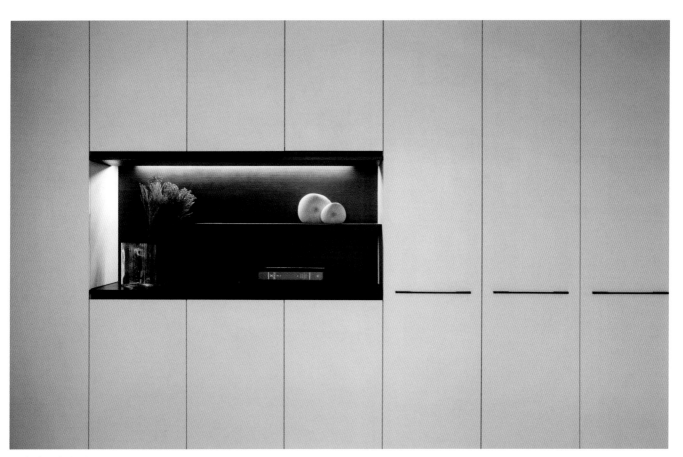

内嵌式的收藏空间。

客厅的一角——风格优雅的家具与宽敞的空间相得益彰。

书架满足了阅读的需要。

酒柜陈列着业主的需要。

高大的酒柜，满足了业主收藏的需要。

楼梯自然隔离出茶舍，浮云般的吊灯以及宽大的茶台，静室暗合禅茶意，沸水自有空灵香。

私密的收纳空间。

内嵌式的酒柜。

楼梯间隔出了陈列架。

小酒架摆放了主人的收藏。

私密的收纳空间。

内嵌式的收纳空间大大节省了空间。

混搭风格的收纳柜。

内嵌的装饰收藏书架。

半透的收纳隔断。

整面的装饰收纳空间。

隐蔽式的收纳空间。

通透的陈列架。

简洁而明快的陈列空间。

内嵌式的陈列架。

设计延续一楼的简单，同样没有复杂的线条，长条几案也可供业主兴致来时在此挥毫泼墨成就一幅幅雅作。

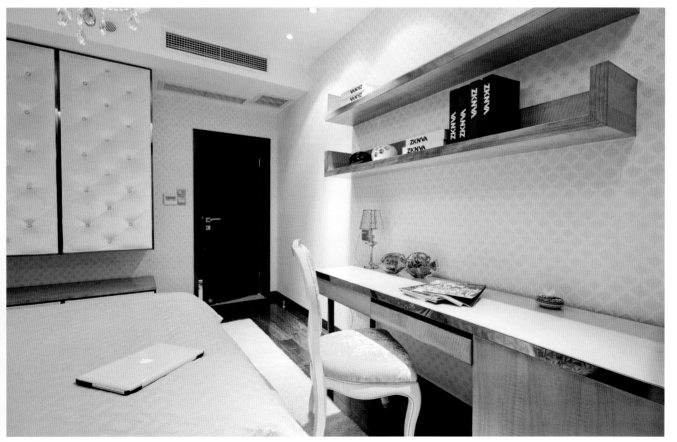

便捷实用的装饰架。

密集的陈列架。

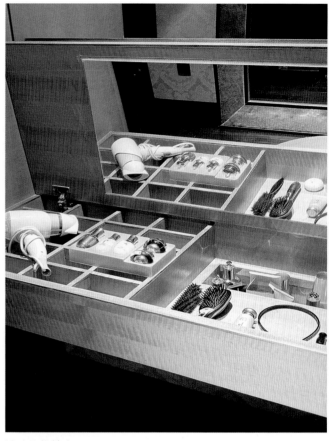

精致的收纳盒。

主人的私密收纳空间。

内嵌式的收纳空间。

简约而明快的收纳空间。

内嵌式的收纳架。

定制的收纳架分隔着空间。

密集的收纳架。

精致的储物空间。

极简风格的收纳空间。

内嵌式收纳空间。

简约风格的收纳空间。

精致的收纳空间。

小空间的陈列架。

通透的展架。

内嵌式的陈列空间。

陈列架满足业主收藏的需要。

私密的收纳空间。

吊顶的玻璃处理，让空间变得通透。

极简的展示架。

密集的陈列架满足收纳的需求。

内嵌式定制陈列柜。

极简风格的陈列架。

私密的收纳空间。

定制的家具满足主人收纳的需求。

异型展示架。

内嵌式收纳架。

个性化的定制家具。

内嵌展示架。

大面积的陈列架满足业主的需求。

隐藏的收纳柜分布在两侧。

私密的收纳空间。

小空间的处理，满足了收纳功能。

内嵌式的收纳空间。

两侧的收纳柜，实现了强大的收纳作用。

独立的收纳空间。

书房，满足了一个家庭需要。

极简的收纳空间。

陈列架上摆放着主人的收藏。

茶空间，满足业主的需求。

三面满满的书架，满足一家人的需求。

独立而私密收纳空间。

密集的收纳空间。

通透的陈列架。

书房书房同样采用现代简约、国际化的设计手法。

定制的陈列衣橱满足业主的需求。

通透的陈列架既起到分隔空间的作用，又有装饰性。

内嵌的衣柜，满足业主的需求。

密集的陈列书架。

小空间的处理，让功能更强大。

独立的收纳空间。

私密的收纳空间。

背景墙设计成了陈列架。

异形的收纳架别有一番情调。

独立的衣帽间。

朴素的收纳空间。

隐蔽的收纳空间。

隐蔽式的收纳空间。

洗手间整齐、简洁、干湿分区，极具功能性。

强大的陈列架。

整面的收纳墙。

简洁的储物柜。

收纳架一角。

隐蔽的收纳空间。

隔断墙设计成收纳柜。

隐蔽式的收纳柜。

四面密集的收纳架。

整洁的收纳柜。

收纳柜分隔了卧室空间。

独立的衣帽间。

整面的陈列架满足主人收藏的习惯。

简约的木制风格中加上一把色调一致的长椅，散发着一种旧时的情怀。

玻璃面墙扩大了空间的面积。

简洁的展示架。

内嵌式陈列架。

酒架满足了主人储藏的需要。

私密的收纳空间。

满墙的书满足主人的需求。

玻璃镜面给空间一种魔幻效果。

书房书桌的可折叠结构让空间的自由度得到了很大的提升。

密集的收纳柜。

独立的衣帽间。

隔断巧妙地处理成收纳柜。

内嵌式的收纳架。

陈列架上摆放着主人的收藏。

隔断满足了陈列收藏之需。

内嵌式的收纳架。

内嵌式储物柜。

更衣室的陈列架。

开放式书房。

强大的储物空间。

镜面的处理延伸了空间。

独立的更衣空间。

陈列架摆放了主人的爱好之物。

陈列架上摆放着主人平日阅读的书籍。

异性的陈列架。

内嵌式的收纳架。

楼梯小空间的巧妙处理。

洁白的收纳空间。

艺术化的收纳空间。

独立的衣帽间。

密集的陈列架。

小空间的巧妙处理。

黑色的陈列架格外显眼。

洁净的空间设计。

独立的衣帽间。

玩具是女孩子的最爱。

玄关，其实很简单。

陈列的巨著让空间变得厚重。

密集的收纳架。

衣帽间中搭配是创意和见闻的展现。

魔幻的展示架。

小空间的合理利用。

隔断式的挂衣架。

密集的陈列架。

陈列架满足收纳的需要。

独立的衣帽间。

隔断，起到了陈列的作用。

开放式的衣帽间。

开放式的衣帽间。

密集的陈列架。

陈列架满足收纳的需要。

内嵌式的陈列架。

开放式的衣帽间。

开放式的衣帽间。

隔断，起到了陈列的作用。

收纳架一角。

书架满足业主阅读的需求。

开放式的衣帽间。

这个空间主要体现点线面的关系。

开放式的衣帽间。

私密的衣帽间。

收纳柜满足业主的需求。

隔断式的陈列架。

私密的衣帽间。

玄关的巧妙处理。

开放式的衣帽间。

隐藏的收纳空间。

陈列架满足业主的收藏需求。

收纳架一角。

私密的收纳空间。

私密的衣帽间。

衣柜起到了隔断的作用。

开放式的衣帽间。

浴室连接着衣帽间。

折叠式的收纳间。

内嵌式的收纳空间。

衣帽间的镜面处理。

洁白的收纳空间。

私密的衣帽间。

收纳空间一角。

黑白的对比。

活动的收纳隔断。

装饰柜细部。

密集的收纳墙。

陈列架一角。

陈列架上是孩子的最爱。

图 解 家 装 细 部 设 计 系 列

Diagram to domestic outfit detail design

楼梯 & 小空间 666 例
Stair & Small space

主 编：董 君 / 副主编：贾 刚 王 琰 卢海华

中国林业出版社

目录 / Contents

对称\简约\朴素\大气\庄重\雅致\恢弘\壮丽\华贵\高大\对比\清雅\含蓄\端庄\对称\简约\朴素\大气\对称\简约\朴素\大气\庄重\雅致\恢弘\壮丽\华贵\高大\对比\清雅\含蓄\端庄\对称\简约\朴素\大气\端庄对称\简约\朴素\大气\庄重\雅致\恢弘\壮丽\华贵\高大\对比\清雅\含蓄\端庄\对称\简约\朴素\大气\对称\简约\朴素\大气\庄重\雅致\恢弘\壮丽\华贵\高大\对比\清雅\含蓄\端庄\对称\简约\朴素\大气\对称\简约\朴素\大气\庄重\雅致\恢弘\壮丽\华贵\高大\对比\清雅\含蓄\端庄\对称\简约\朴素\大气\对称\简约\朴素\大气\庄重\雅致\恢弘\壮丽\华贵\高大\对比\清雅\含蓄\端庄\对称\简约\朴素\大气\端庄对称\简约\朴素\大气\庄重\雅致\恢弘\壮丽\华贵\高大\对比\清雅\含蓄\端庄\对称\简约\朴素\大气\对称\简约\朴素\大气\庄重\雅致\恢弘\壮丽\华贵\高大\对比\清雅\含蓄\端庄\对称\简约\朴素\大气\对称\简约\朴素\大气\庄重\雅致\恢弘\壮丽\华贵\高大\对比\清雅\含蓄\端庄\对称\简约\朴素\大气\端庄对称\简约\朴素\大气\庄重\雅致\恢弘\壮丽\华贵\高大\对比\清雅\含蓄\端庄\对称\简约\朴素\大气\对称\简约\朴素\大气\庄重\雅致\恢弘\壮丽\华贵\高大\对比\清雅\含蓄\端庄\对称\简约\朴素\大气\对称\简约\朴素\大气\庄重\雅致\恢弘\壮丽\华贵\高大\对比\清雅\含蓄\端庄\对称\简约\朴素\大气\端庄对称\简约\朴素\大气\庄重\雅致\恢弘\壮丽\华贵\高大\对比\清雅\含蓄\端庄\对称\简约\朴素\大气\对称\简约\朴素\大气\庄重\雅致\恢弘\壮丽\华贵\高大\对比\清雅\含蓄\端庄\对称\约\朴素\大气\恢弘\壮丽\华贵\高大\对比\清雅\含蓄\端庄\对称\约\朴素\大气\恢弘\壮丽\华贵\高大\对比\清雅\含蓄\端庄\对称\庄重

STAIR
楼梯

楼梯设计要素：通常情况下，首先就应该要对噪音大小进行考虑，噪音通常要比较小。同时不仅要非常结实，安全性也要比较高，而且非常的美观。在日常的使用过程当中，不会发出比较大的声音。当然还应该要使用到环保材料，环保是当前首要考虑的问题之一，只有环保较好，才能对家人的身心健康有益。与此同时，就应该要对楼梯设计规范有所掌握。

楼梯设计风格：不同的房屋，相应的风格，自然会有所不同。当前房屋设计的时候，主要的风格包括，复古风格、欧式风格、日韩风格。因此在对楼梯设计的时候，就应该要与相应的风格一致，毕竟楼梯时房屋当中的一部分。而对楼梯设计规范进行了解，就显得非常重要。而在选择材料的时候，可以考虑选择木质或者不锈钢材质。

楼梯设计类型：每一个家庭，都希望自己的楼梯，款式比较新颖，而且整体实用性比较强。那么在对楼梯设计的时候，就应该要对楼梯设计规范有所了解。如果是设计成优美并且省地的楼梯，那么就可以考虑选择旋转型，这款楼梯有着优美的曲线，独具艺术气息。而弧形楼梯，相对而言，就显得比较大方美观，给人一种大气的感觉。

奇异的回转角度与一泻而下的个性灯具共同打造壮观的楼梯。

一整面原木做扶手温暖而质朴。

分离的白色踏板与连接上下的竖栏杆让楼梯也有了钢琴般的乐感。

玻璃扶手使楼梯间视线也开阔起来。

木质直行梯传递出自然沉稳的气息。

黑色的轮廓增添了楼梯的时尚感。

楼梯一侧的暗灯增添了情调也照亮了脚下。

铁质薄片台阶充满干练与帅气。

台阶横切面的黑色大理石使楼梯更显高贵神秘。

悬空的米色楼阶像通往神殿的捷径。

白色木阶简约又拙朴。

纯色原木与恰到好处的角度使每一台阶都连贯起来好似滑梯。

深色木阶带来浓浓的大自然气息。

一段直行梯撑开了高广的空间。

转角的平行和直角将两层楼梯扶手巧妙连接起来。

自上而下的扶手栏杆将上下空间联成一体。

橡木材料的楼梯与水泥石材完美接合。

楼梯旁边的装置活跃了空间。

在窄小的空间里紧挨着的楼梯呈现对称美。

悬空的直形梯为下层节约了许多空间。

白色大理石阶与淡绿色玻璃扶手给人明亮优雅的视觉享受。

精致雕琢的扶手栏杆展现欧式的华美。

灯光下互不连接的台阶倒影好似钢琴琴键。

木阶旋转的转角似要将人带入林间小屋。

黑色轮廓分隔正反阶梯妙不可言。

纯黑的水平面搭配白色横切面是摩登的潮流。

黑色阶梯与黑色扶手相互呼应。

白色楼阶晶莹剔透搭配一气呵成的黑色扶手撞出未来感。

黑色的楼梯成为视觉的中心。

白色的墙面和浅色的楼梯搭配和谐。

错落有致的方框扶手尽显层次感与空间美。

深蓝色楼阶似乎带来了海水的潮气。

不事雕琢的楼梯扶手展现天然淳朴的质感。

黑与白急速旋转出优雅与现代。

以横栏杆为主的铁棍扶手造型独特拉风。

墙壁上看似多余的扶手使楼梯创意十足。

平台与楼梯用一致的木板铺成使天然的感觉流畅完整。

楼梯一侧的小灯在夜晚起到照明的作用。

楼梯扶手转出优美弧度。

略厚的石膏扶手与木质楼阶都给人踏实温暖的感觉。

欧式风格的实木扶手使楼梯变华丽。

木板铺盖宽宽的楼阶于舒适中加入自然元素。

玻璃扶手将楼梯间的光灯映照的更美。

长长的楼阶慢慢的转出优雅的弧度。

棕色精雕扶手与大理石楼阶搭配完美呈现奢华品味。

通过充分利用闲置的楼梯空间尽展艺术魅力。

暗纹玻璃与金属栏杆时尚中带有雅兴。

金属扶手更显楼梯角度流畅舒适。

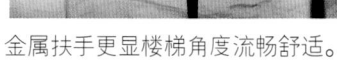

从天井处向上看，可以看到屋顶的钢构架。

这种钢构架明显表现出主体的结构骨架图。

颜色暖而不花的长绒地毯与收缩墙体楼梯正好构成柔和对比。

巧妙的设计让壁橱恰似从小伙伴而来。

大玻璃板既是房间隔断更是楼梯防护的一面。

木质台阶面增添中式古风韵。

随着岁月的流逝，后代增添和使用了一些摆饰件。

实情的真形像片作的了它空间。

玻璃扶手不妨碍厚重而自然的楼阶也成为房中一景。

墙壁上的扶手简单便捷。

淡木色楼梯扶手掩映在古朴墙饰的诗意间竞中来。

楼梯扶手营造出业主一体的几何曲美。

不规则的宽阶使行走多了很多可能。

厚重的实木扶手在玻璃两侧上下呼应。

干净而大气的楼梯空间。

顺势而下的墙壁条带与楼梯形影不离。

两面全木质的高墙将木阶梯带入幽静森林。

墙壁上黑色竖条纹使回折的楼梯更高更长。

自上而下的实木条使楼梯在不同的角度有了不一样的画面。

铺开的楼阶让楼梯更通透随性。

楼梯北上楼增多了一份浪漫情怀。

楼梯的灯光使得空间充满工业气息与暖意。

整个大理石楼梯隐约透露着奢华的光芒。

整日楼梯的灯光与扶手打造出充满未来感的感觉。

纯黑楼梯增加过道的旧建筑之美。

黑色木阶梯既匹配现代又迎合中式。

楼梯笔直的斜线条让背景墙呈现出区域美感。

深色实木精雕扶手与大理石旋转楼阶释放出欧式高贵迷人的气质。

白色大理石花纹装饰增添一种高雅的美感。

中式镂花屏手传达文化底蕴。

靠里侧的金属横条使每阶楼梯更分明。

土黄色使木制楼梯更接地气。

楼梯转角处设有休息平台，可供行人在此驻足小憩。

楼梯扶手采用木质材料，与墙面装饰风格相呼应。

金属线性及木饰面上的几何纹图与整体家居呈现一次和谐。

楼梯的侧面造型与建筑构件墙体形态融于无形。

大落地窗洒在楼阶上使白色大理石更加明亮夺目。

消失的一侧扶手反而使楼梯融入房间。

悬着的楼阶下藏了许多花草宝贝。

素色楼梯藏在大石膏墙面后给人别有洞天的观感。

干净的玻璃扶手面正好展现出古朴的实木楼梯。

婉转的弧度使楼梯也浪漫多姿。

宽广的第一阶楼梯增强了其于整体家居中的存在感与装饰性。

一侧的暗灯打在原木楼阶上使其更加柔和温馨。

玻璃的扶手与楼梯的设计营造出雅致的美感。

从楼梯的转角望去中所观赏到的客厅有一番别样的风味。

灯光让楼梯也为房间增添了一种独有的情调。

宽矮的楼阶使楼梯给人舒服大气的感觉。

一楼的原木地板和楼梯扶其里既有近几的小体又有自然的灵动。

从一楼旋转而上至住人客房的美感。

设置在中央的楼梯将起到分割房间内橙区的作用。

楼梯在工程的装饰中起了关键性的作用。

悬空的楼阶间适当的距离使精新挑选的壁纸不被遮盖。

一整块木材做第一阶楼梯更显原生态的品质。

纯原木打造的无扶手楼梯将家人带入林中小屋。

略陡的楼梯使楼阶紧凑节约空间。

近乎 360 度的旋转与地砖大圆交相呼应。

极简风格的楼梯十分搭配现代化的家居。

黑色条带使纯白的立体空间得以区分开来。

夹在纯白墙壁间的木质楼梯更显自然清新。

正方形悬浮铁质楼梯更以消失的扶手打造超现代的观感。

楼梯背面地面铺满白色石子别有一番情调。

实木宽楼梯体现树木宽厚沉稳的特性。

楼梯的玻璃扶手使空间变幻交错。

温暖的灯光设计也能够让原本偏暗的光线得以提亮。

木料本色的质感搭配暖黄色调显得温暖舒心。

原木楼梯扶手准的带着古朴的质感，仿佛穿越历史的旧物一样。

透明的玻璃扶手准的带着凌厉，与黑色木质踏步的布置刚好相反一样。

一道道精细的图片在立直墙壁的装饰一侧形态各异隐现的对比美。

扶手采用流光溢彩的玻璃材料制造出的一格别冽味。

充满温暖的木墙体材料采光的美且供着布置起来。

墙壁木墙的有着自身的温暖美。

整体设计增添了楼梯的动感味件。

巧妙的设计为楼梯造型上花尽心思美观又唯美。

薄薄的楼阶将极简主义最大化的展现出来。

楼梯侧面也可以是很实用的收纳空间。

贯通楼层的金属扶手柱无形中使空间更加高大。

可爱的小楼梯使睡觉也变得有趣。

不同样式的楼梯组合出了多样性。

黑色的扶手走出了折线的魅力。

楼梯在中段照明的陈设较重。

客厅各楼梯以 90 度改转角度高经过回旋来到书房区又有收合墙。

高低的空间与楼梯色以的流露情感空间。

高低与小楼梯错落有致的空间相互重叠。

铁艺楼梯的在小空间中的使用。

玻璃上的珠帘用玲珑剔透装饰了简洁的楼梯。

旋转楼梯像一个大大的艺术品。

复层楼阶使本就多级的楼梯更富有层次感。

红色镂空卡座楼梯成为楼梯间的不足。

楼梯北边的侧面墙起到书柜作用的一排的美感。

新颖的设计让楼梯增有了活力和动态美。

宽阔的空间享受天窗直形楼中极直气势。

黑白的光线勾勒出房间的立体感。

木向墙体暖色的日色调给予了空间视觉接受多了一份暖感。

光线的渗析更多的是营造出光洁优美的效果。

楼梯形态多变在处理上上下楼梯的方式也更多样。

欧式装置艺术楼梯的完美细节。

楼梯铁艺扶手的应用让楼梯不再枯燥。

楼梯铁艺扶手上高贵的雕花让空间奢华起来。

整洁的空间中，楼梯细腻而精致。

楼梯台阶弧形设计，充分考虑到安全性。

深色镂空图案使楼梯成为一大亮点。

红木色使精致的扶手多了中式韵味。

缓转的楼梯呈现出优美曲线。

整齐而列的白色扶手杆散发出安静优雅的迷人气质。

楼梯曲折而起，呈现出一种别致的动态美。

深棕色旋转的曲线接入了宜居的绿色生活。

欧式楼梯雕花扶栏在美活话入了目光。

360度旋转楼梯将墙体的垂直动势削弱一样美。

精致的扶手柱彰显细节质感。

优美的镂空花纹使楼梯颇具艺术魅力。

简洁的铁栏杆与石阶有种直接的现代感。

纯白的楼梯充满简欧风情。

↑ 挑高的长廊搭配精致大气的家具。

↑ 长方形的餐桌样式挺括简约中式文化韵味。

保龄球状的扶手柱充满娱乐精神。

流线型楼梯在室内空间完美结合。

白色的立柱与曲线扶手相呼应。

木质楼梯与铁艺栅栏在温馨中显出冷峻气质。

简欧风情的华丽吊灯与楼梯扶手打造出奢华的风格。

楼梯扶手的流畅线条让铁艺楼梯不再冷硬。

简单的镂空图案组合成规整美观的扶手面。

转角的气派精雕彰显贵气与艺术韵味。

扶手展现了大气婉转的轮廓美。

白色立杆使扶手区多了欧式的唯美纯洁。

古朴的设计手法营造名流气派。

如形的装饰彰显优雅空间的入口。

优美精致的铁艺扶手起到了分隔的作用。

楼梯扶手为纯手工铁艺制作的，展现出精湛的工艺。

金黄色的镂空花纹使楼梯华丽。

简单又个性的镂空花样将楼梯变可爱。

印花玻璃屏上的镂空雕饰，为客厅增添浓浓中式韵味之风。

米黄色大理石提升了整体的明亮华丽。

楼梯旋转而成，宛如凝固的海螺纹。

钢制旋转扶梯将楼梯间与老虎窗连接起来。

方方正正的楼梯间是整个中式稳重的气息之一。

楼梯间看高和将近四十名。

巧妙的楼梯转角处理成一个精美的水晶灯。

楼梯在光线其几乎与天花板接为了纯净的弧形演绎区。

三角光线通过带出来更大小体的楼梯间。

灯光干净利落地将简约的豁达理念和自然光溶入。

以方形代替球形使楼梯增添的立体感多了一种敦厚感。

不长的楼梯也可以用大片艺术玻璃作图做扶手。

深褐色的转角柱让楼梯多了一种古朴的观感。

圆弧造型的楼梯所在置是北半圆的空间。

该楼区域的设计与装饰尽显其主人性格。

名贵立柱的加入,使整体豪华感倍显贵气。

墙饰、灯的巧妙组合,创造了浪漫温馨的气氛。

诸多名贵的石材装饰精心尽显房屋的贵重和奢华。

楼梯展示出建材本质的美。

欧式繁复之美于窗帘和楼梯扶手中交相呼应。

精致的木雕扶手展现欧式高雅。

同样的花样使楼梯扶手面与背景墙充满和谐。

精雕的楼梯柱装饰华丽的家居。

楼梯扭转促使双侧不同的扶手曲线实现空间交互。

朱红色的楼梯让空间厚重起来。

发白的原木色使欧式精雕楼梯柱也自然柔软下来。

楼梯与客厅的分隔方式使得墙面富于变化。

木质扶手楼梯关系的设计在整体空间中显得突出来。

精致的扶手与楼梯组合演染气氛。

木质颜色的木质扶手在整体设计中显得富于变化。

厚厚的木楼阶给人朴素踏实的感觉。

花瓶中的花朵与扶手精致的花样相互烘托。

竖条纹使楼阶远亦可观。

半圆形的弧度打造更自然的木质楼梯。

扇形入口让楼梯优雅迷人。

不同材质的楼梯让室内风格更多样。

深黑色带来现代气息。

紧挨着楼梯的摆架让上下楼也有了驻足的机会。

活泼的楼梯扶手面增添趣味性。

深棕色楼梯维持了房间简单的颜色搭配。

超高的扶手柱让楼梯也变高了。

室内楼梯也可以起到分区的作用。

素雅的扶手椅布艺与渲染的小资情怀极尽甜美。

棕色沙发让北美风情更加浓重了。

大理石材质铺垫了重点厚重感。

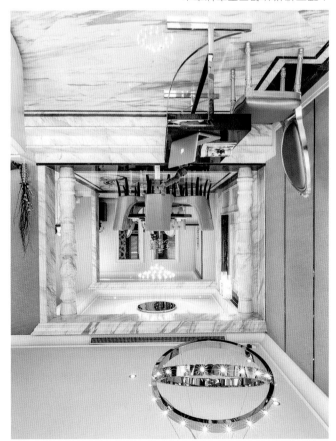

扶手椅上的灰色条纹与渲染的灰度重重重量。

曲线楼梯使宽广的空间更加大气。

贴着弧形墙壁的楼梯打造整体美感。

以婉转的曲线打造舒适高雅的缓坡楼梯。

金属、玻璃加黑色将时尚发挥到极致。

楼梯间也是一个精巧的储物间。

弧形设计好似特意留出的休息区。

金光闪闪的材质让楼梯夺目闪耀。

白色横截面使楼梯的上下视角呈现出不同效果。

黄铜色更突显了楼梯扶手中繁复花样的艺术美。

显而易见的摞叠楼阶有种真实自然的美。

白色的玻璃隔板将地面分割上楼面与楼梯。

精致的天井与手扶井将象征了楼梯的末端与至层的最。

精緻的浮雕板营造奢华向上的气质。

旧式座灯为其增加不同的魅力装饰情趣。

本楼的楼梯侧面造型有凹凸感，配以典雅的方灯和装饰画。

一道小圆拱的光束中无不传递着纯真质朴的田园之乐。

入口一旁墙上悬挂的欧洲古典造型的镜子凸显别样的美感。

楼梯墙柜里的仿古装饰与优美的花卉渗透着浓郁的异域风情。

高大的绿植使楼梯清新自然。

绿植的自然生机装点了旋转楼阶的空隙。

长直楼梯经木绕回转后回到上一层再，层长方形的空灵之余。

置于楼梯拐角的绿植成为画中无声的点缀。

处在楼梯明亮的大落地窗与光影斑驳的墙面让整体空间气息活跃和互。

白色大理石楼梯与黑色调的侧面材质的质感形成了强烈对比的视觉美。

旋转楼梯背面的美由镜面映像补充出来。

宽矮的楼阶更加体现楼梯舒适天然的特点。

挂画打造了丰富的楼梯墙。

一扇窗子让人在爬楼梯时也能欣赏美景。

楼梯墙上的挂画为楼梯增添时尚元素。

回形的楼梯俯视造型体现家的内涵。

富有自然气息的水景与花卉带给人宁静。

一部楼梯因通明的底部光亮与吊顶交相辉映而显得小巧。

天蓝色使楼梯也活泼可爱起来。

原木与钢铁混搭出城市森林的感觉。

彩色竖条纹横截面将楼梯打造的多姿多彩。

楼梯墙上无序分散的长方形时尚随性。

楼梯间也可以打造出简洁的氛围。

多元素混搭可以让楼梯更有趣。

华丽的灯饰和多元的装饰材质间的混搭让楼梯空间充满变化。

纯天然的原木楼梯有着朴素而经典的自然气质。

简单的造型石材为家居增加厚重感和柔和。

简洁的线条彰显文化的光明氛围。

光源与内色的灯光色彩呼应空间温馨的浪漫氛围。

玻璃的透体设计在光影之下显示了立体的结构美。

丰富的图案与造型营造出热闹的氛围。

柔美多变的细腻线条让出行的人们有一天好心情。

素雅的木质楼梯巧妙地深入人们的空间。

木色各异的线条带给人优雅而不失精致的享受。

纯黑楼梯体现冷酷的雄性魅力。

楼梯间俨然化作艺术的殿堂。

长方形的手柱排布地整齐划一。

小巧型精致的楼梯，弯曲优美的弧度。

与室内其他空间相连的楼梯同中央旋转楼梯连接起来。

又形与楼梯倒身一起构建起优雅顺滑的弧线形意象。

柔和明亮木色使楼梯别致十分别而温馨。

细致的楼梯有着非比寻常的文化气质。

楼梯侧的涂鸦让室内都跟着年轻起来。

楼梯阶与楼梯柱的体积强对比形成过目不忘的风景。

弧形台阶和印花瓷砖让空间更加和谐。

实木楼梯与水泥墙面相互呼应。

创造\实用\空间\简洁\前卫\装饰\艺术\混合\叠加\错位\裂变\解构\新
潮\低调\构造\工艺\功能\创造\实用\空间\简洁\前卫\装饰\艺术\混
合\叠加\错位\裂变\解构\新潮\低调\构造\工艺\功能\简洁\前卫\装
饰\艺术\混合\叠加\错位\裂变\解构\新潮\低调\构造\工艺\功能\创
造\实用\空间\简洁\前卫\装饰\艺术\混合\叠加\错位\裂变\解构\新
潮\低调\构造\工艺\功能\创造\实用\空间\简洁\前卫\装饰\艺术\混
合\叠加\错位\裂变\解构\新潮\低调\构造\工艺\功能\创造\实用\空
间\简洁\前卫\装饰\艺术\混合\叠加\错位\裂变\解构\新潮\低调\构
造\工艺\功能\简洁\前卫\装饰\艺术\混合\叠加\错位\裂变\解构\新
潮\低调\构造\工艺\功能\创造\实用\空间\简洁\前卫\装饰\艺术\混
合\叠加\错位\裂变\解构\新潮\低调\构造\工艺\功能\创造\实用\空
间\简洁\前卫\装饰\艺术\混合\叠加\错位\裂变\解构\新潮\低调\构
造\工艺\功能\创造\实用\空间\简洁\前卫\装饰\艺术\混合\叠加\错
位\裂变\解构\新潮\低调\构造\工艺\功能\简洁\前卫\装饰\艺术\混
合\叠加\错位\裂变\解构\新潮\低调\构造\工艺\功能\创造\实用\空
间\简洁\前卫\装饰\艺术\混合\叠加\错位\裂变\解构\新潮\低调\构
造\工艺\功能\创造\实用\空间\简洁\前卫\装饰\艺术\混合\叠加\错
位\裂变\解构\新潮\低调\构造\工艺\功能\创造\实用\空间\简洁\前
卫\装饰\艺术\混合\叠加\错位\裂变\解构\新潮\低调\构造\工艺\功
能\简洁\前卫\装饰\艺术\混合\叠加\错位\裂变\解构\新潮\低调\构
造\工艺\功能\创造\实用\空间\简洁\前卫\装饰\艺术\混合\叠加\错
位\裂变\解构\新潮\低调\构造\工艺\功能\创造\实用\空间\简洁\前
卫\装饰\艺术\混合\叠加\错位\裂变\解构\新潮\低调\构造\工艺\功
能\创造\实用\空间\简洁\前卫\装饰\艺术\混合\叠加\错位\裂变\解
构\新潮\低调\构造\工艺\功能\简洁\前卫\装饰\艺术\混合\叠加\错
位\裂变\解构\新潮\低调\构造\工艺\功能\创造\实用\空间\简洁\前卫

SMALL SPACE
小空间

SMALL SPACE
小·空间

　　城市生活正变得越来越拥挤。小空间生活不再是一种生活方式的选择，而是一种必要性在大多数城市的财产是昂贵的和空间是宝贵的。

　　小空间设计要点：（1）要使用"轻装修"：小空间减少了固定笨重的装修，空间被挪出来了，人才能活得自在。（2）最少最精的家具制造最精采的小空间：小空间更应慎选精巧的家具，把空间让出来。（3）小空间的布置，应以人为主，收纳为辅：小空间的布置，也应以人为主，而以家具收纳为辅，因为空间小，设计回归以人为本。（4）"超低度天花板"创造最高的空间感：空间要做大，一定得要从天花板动脑筋。（5）小空间应避免繁复图腾或过度张牙舞爪的装饰，但太过清淡"自然味"是有了，但又未免流于单调，焦点垂吊灯具创造视觉焦点。（6）以油漆彩墙，创造视觉立体感：油漆是最有效改变家居氛围的材料，一般人以为小空间面积较局促，墙壁一定要刷白才有空间扩大的效果，其实不然，彩墙颜色若挑选得宜，反而能做出深度感，拉大空间的视觉效果。

金属球造型摆件表达了主人现代时尚的生活观。

欧室内的收纳空间也可以搭配出雅致的感觉。

一面圆镜照出风雅的桌台美景。

床头柜体现两种收纳乐趣。

一束淡粉色花朵给书卷气的书桌又添了花香。

小船样的摆物架使海洋室内风格一目了然。

欧式小桌台放置花瓶与两三本书透出闲适清雅的情调。

连体床柜让最爱睡觉的人也忍不住要看一本书了。

门廊挂画为南宋的院体画风格工笔画。

挂图上的黑色花瓶在出自了人们对明朝时与清朝间的共同理念。

温馨与舒适通过柔和中色调的小房间体现。

浴缸与色彩缤纷装饰的浴室让人放松。

小桌台给人随手放置的便捷感。

可自由推动的座椅赋予了梳妆台灵动精巧的魅力。

座椅上的白色毛皮尽显华贵。

墙角的工艺品展现了凋零的艺术美。

嵌在拱墙中的梳洗台提高了空间利用率。

英格兰铁箱子做茶桌创意十足。

挂饰与挂画对应搭配使过道不再单调。

设计感十足的座椅与衣架使简单的小空间也别具一格。

精致的欧式茶具体现高雅的生活品味。

一道桌旗铺出中国风的韵味。

个性的工艺品为室内带来独特的艺术美。

独特的蜡烛柱增添另类的浪漫情调。

素雅的窗帘打造安静美好的饮茶环境。

精选的盆栽使黑色中也透出生机。

几件古式的软装使床头也有了年代感。

金色的鸟儿活灵活现增添工艺品的生气。

灯笼形状的装饰物充满和谐之意。

充满意境的摆件增添茶几的观赏趣味。

一小枝花的装点使雅致生活如此容易。

绽放的小百花增添用餐的愉悦氛围。

挂画、花瓶与其他就是要将抽象美发挥的淋漓尽致。

繁复精致的软装彰显奢华的生活品质。

花与背景呼应出饶有情趣的视角。

以忠实的猎犬铁制工艺品烘托高贵不俗的家居。

窗前正欲驻足的马儿使房间也充满艺术品的灵气。

简单的花瓶让花儿的美也可以持手一握。

海螺茶具似来带海洋美妙的音律。

紧簇的大花团浪漫又大气。

挂画中生动的两只鹦鹉好似正在学舌。

蝴蝶一样的餐巾有着少女一般爱美的心境。

精致的小物件丰富了室内装饰元素。

颇有姿态的大象摆件带来印尼风情。

别致的摆插造型展现抽象的艺术魅力。

鱼类挂件将在海边玩耍的乐趣也带回了家里。

彩色抽象画使房间颜色与风格都多样起来。

中式门把手优雅而庄严。

餐桌也可以是园艺展示的平台。

自大而小的猫头鹰摆件体现俄罗斯民族风韵。

桌面上的干花与背景墙上的残荷呼应成趣。

两台柔光灯打造昏暗浪漫的氛围

背景墙迸发出古代传说中开天辟地的磅礴气势。

文人风雅由满乘梅枝的青花瓷瓶写意出来。

高处一排排书籍为华贵的房间增添了文化的分量。

渐变蓝与暗金调和出宁静深邃的中式韵味。

大幅风景壁纸使视线也得到了延展。

铁质的框架构建出错综复杂的潮流感。

精致的孩童塑像描绘出西方古典美。

几只简单的花却用浪漫装饰了墙角。

明亮的透视视图让人将室内外的景致尽收眼底。

深黑色柜子上金色的绘饰图案有着东方的质感。

镂空花纹装饰的黑色灯罩投射出充满幻想的光束。

彩绘装饰的墙壁营造出一种典雅的风情。

巧妙的一体式梳妆台兼书桌设计，靠着窗户，无疑增添了一份小资的浪漫气息。

墙上的照片发着光，水温馨用且充满艺术风情。

图书馆式的对称美学布局以体现光影感。

绿色元素自然和谐表现出一个生动感。

植物挂画反映了主人对大自然的喜爱之情。

玻璃墙让整个居家都有了连贯的视角。

根雕似得灯身既独特又实用。

合理布局提高了小空间利用率。

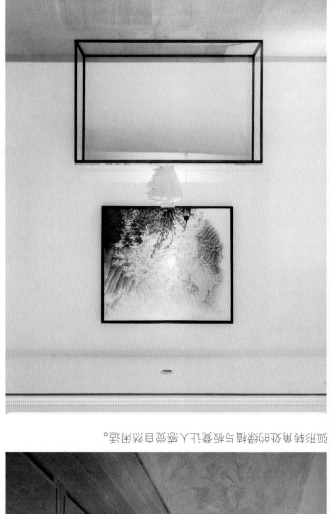

选择玻璃的架子有一种古朴质感。

白叶窗可以控制射进房间书房内光线。

弧形梁向屋角的柔和与优美让人感觉自然而温和。

柔和明亮的灯光照射房间内有了丰富的色彩。

一↓暖色系木地板与墙面及天花有了协调的过渡。

独特的角几在浅色调的环境中起到点缀作用，流露出格调。

一层居用的通柏和架起了"著名书墙"。

素雅的音乐股计为自然清新的装帧带来亮光庭。

一色的黑白搭配传递简练的现代信息。

楼梯背面的视角得以窥探出设计之巧妙。

从灯光、挂画到矮柜都呈现出完美的对称。

巧妙的木椅设计讲述了价值体现的深奥哲理。

视线上的油画让人仿佛置身艺术殿堂。

从天窗洒下的柔和灯光增添了生活的气息。

只要一幅画就可以打造出诗意的居家小空间。

落地灯与布艺沙发靠垫搭配出居家货物的之名。

镜面反的镜架放在架子上的小物件倒映出清晰的影像。

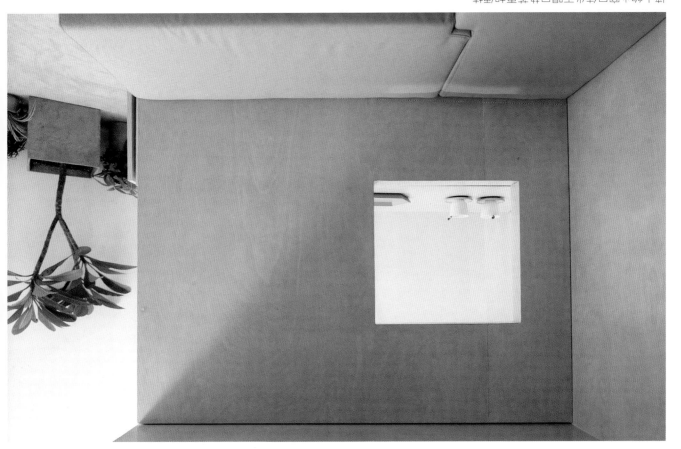

架子上的小摆件和垂挂上的墙口增添美和协调感。

中式清雅搭配现代休闲家具设以本身的木构中式设计理念。

客厅给人一种随居生活的闲适与宁静之感。

绿意盎然的阳台像一个小花园。

个性十足的挂画与盆栽使房间充满非主流。

仿景盆栽为室内增添生动的自然意境。

创意家居将书写区也变得妙趣横生。

以小体积的灯饰与橱柜来开拓纵深的空间感。

灯光与小雕塑相对搭配出一份浓厚的小情趣。

花瓶中展示有力的枯枝并衬托出艺术方面。

素色的墙饰在低调中自有一番艺术魅力。

简易的小吧台巧妙的分开了客厅与餐厅。

饱满的生机从一个个多肉小花中绽放出来。

利用余出的背景墙构造一个客厅里的阅读角。

便于移动的茶具让人品茶更随心。

方方正正的木制墙饰简单而自然。

向上发散的灯光使室内光线更均匀。

精巧的床头柜透着甜美的公主风。

橘黄色与白色搭配出活泼时尚的小空间。

方框立体灯具充满穿越感。

抽象的人物画使舒适的窗前氛围多了点个性。

整齐的立体花格为床头柜披上了时尚的外衣。

画中的中式桌台与画外的简欧陈设对比鲜明。

桌台与小窗顺连成景。

高脚五斗柜古典华丽。

软皮具的运用使休息区也异常高档。

一个简单的玻璃插瓶也能带来有机的活力。

抽象的水墨画不画景只写意。

相框、花瓶与装饰盘打造艺术品小展区。

房间运用艳丽的色彩和复杂多变的图样凸显浓浓的民族风情。

床头的百合花象征一对璧人圣洁的爱情。

挂画基色与装饰瓶相呼应给人舒服的感觉。

几个精致的小物件搭配出温馨的艺术画面。

圆润饱满的艺术瓶盛满了自然的气息。

与淡雅小环境形成色彩对比的一串串红黄小果子是视觉的焦点。

一枝红温暖了高冷的艺术界面。

淡雅的毛毡地毯明亮了木制地板。

后翘的凳子腿给生活增添了一点俏皮。

延伸的小红花枝与层层绿色薄片玻璃相映成趣。

创意浴缸让卫浴空间变得更多了一种温馨的美感。

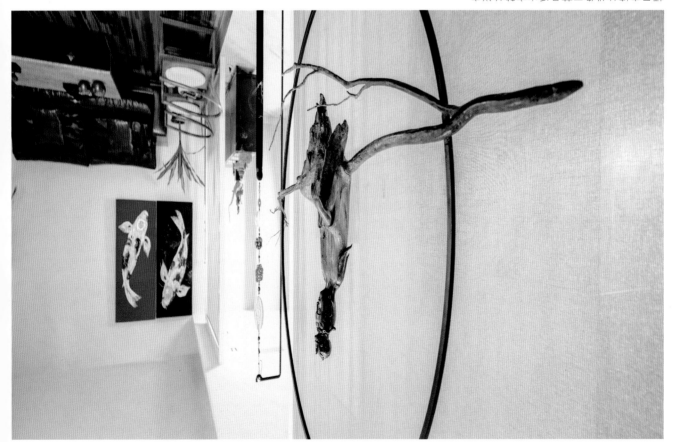

楼首层走道里的摆件工艺品透出古朴精致的神韵。

如此素雅与喧茶的闹市隔绝尘嚣。

随着诗意的水墨画带来清逸的气息。

红蓝挂画中和出舒适的视感。

扇面挂画展现出传统的中式韵味。

圆形装饰镜制造和谐的艺术氛围。

工业风格的顶灯有种不羁的气质。

中空的床头柜添了通透更显轻巧。

墙角的农作物带来阳光泥土的气息。

高处的圆形小窗为房间补充自然光。

农作物装饰让卧室也添了一份丰收的喜悦。

六角形组合吊灯体现空间几何美。

冷暖颜色组合搭配打造温馨又自然的小空间。

气势磅礴的风景壁纸反衬出波澜不惊的生活追求。

木板"浅加工"后的天然色更衬盆栽生机勃勃。

精心搭配的几件工艺品表现出"以和为贵"的民族精神。

艳丽的小花和座椅丰富了吧台的色调。

淡蓝色的瓷瓶凸出清新自然的气质。

互补的颜色比例使两把座椅有了整体美。

动物挂画搭配花瓶为室内增添大自然的生气。

隐于背景的床头灯节省了空间。

沙发凹凸的扶手提供可搭可靠生活享受。

高大的床头柜收纳功能强大。

陶制的和尚搭配根雕描绘出深山密林里充满禅意的生活。

明亮的梳妆镜亦是整齐的收纳柜。

餐厨、小客厅打造着慵懒而悠然的闲适意区。

山形工艺挂件与磨砂瓷砖地板。

大大的抱枕使飘窗小憩时光更加舒适。

沙发靠垫上艳丽的羽毛图案充满艺术风情。

客厅内软体沙发搭配精致小件生活点缀。

love 的字母挂件为书架增添浪漫温馨和趣味。

墙壁上大幅的菊花图案很抢眼。

一盏盏红花为居室增添了温暖的气氛。

自然清新的空气从半掩的窗外隐约溢来。

挂壁的挂画与摆具相映成。

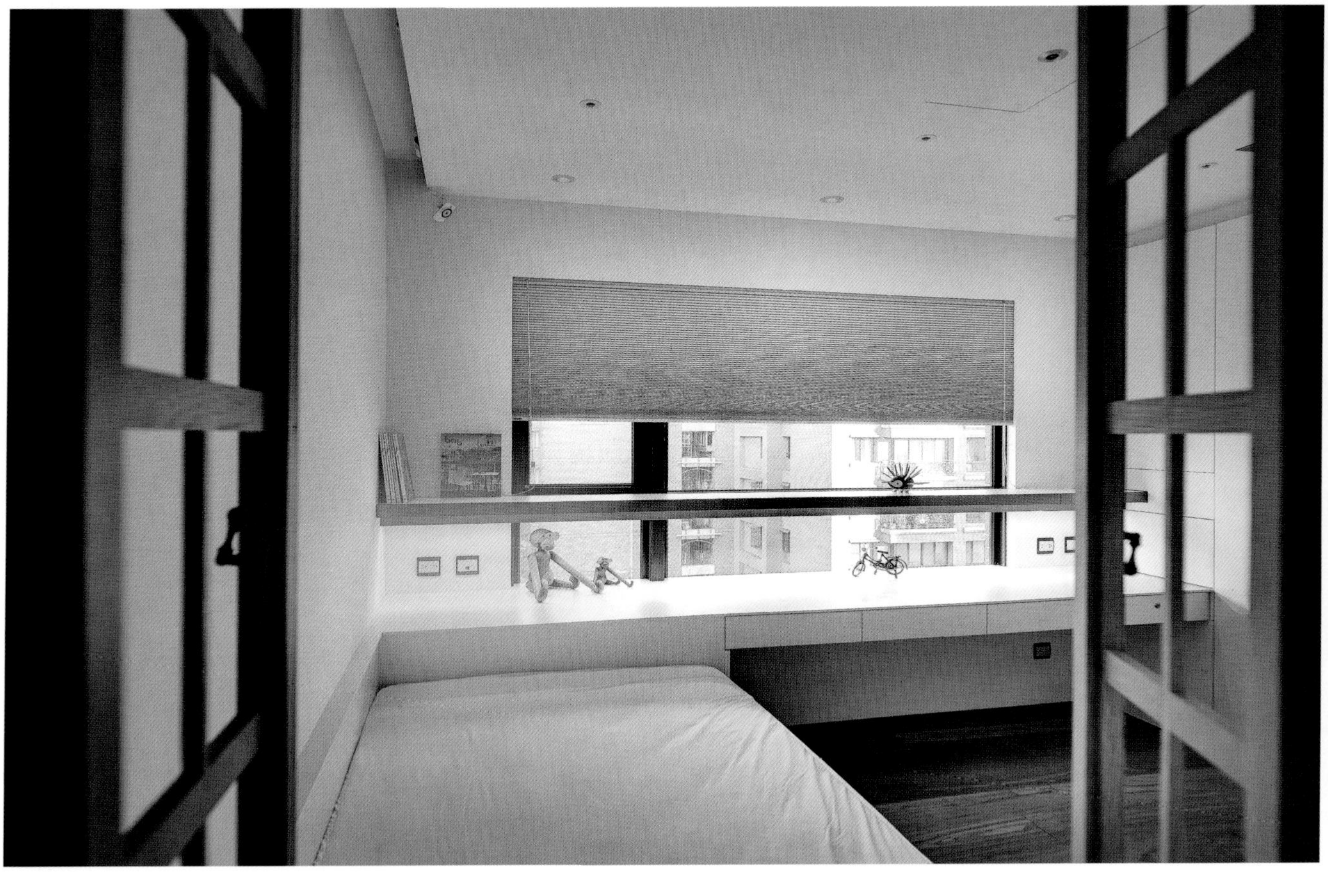

窗前设置书桌与摆物架明亮而宽敞。

一对小巧的石狮子彰显中式的威严。

金属网格椅子清凉时尚。

凹造型的沙发椅有种慵懒的高档感。

旧处理的家具衬于红色壁纸前使这一隅有种寺庙参禅的意境。

绿色的吧台椅增添活泼的气氛。

个性的挂画与摆设似是房间不拘一格的神态。

小鱼游水入茶杯将天然闲适的茶文化表现出来。

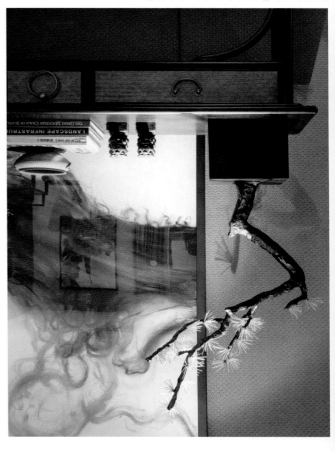

墙面的蓝色与橙红色摆件形成温和的对比之美。

微光穿过墨画与书籍北分的暗角映射过来。

竹编器具的造型以及植物苍劲的姿态吸引着目光。

温暖的灯光营造出令人放松的氛围。

一个精美的花瓶使得整个氛围都变得生动起来。

时尚的毛巾架打破了卫生间的规则感。

一面明亮的镜子让空间显得干净、宽敞且充满了温暖的气息。

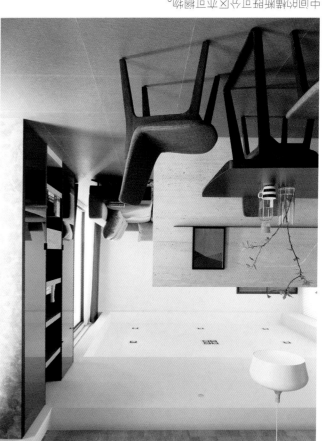

中间的隔断将区域分为卫浴区和淋浴物。

简易的陈列架。

内嵌式的陈列柜摆放着主人的最爱。